U0226731

Crinkleroot's

森林爷爷自然课

蝴蝶与飞蛾识别指南

[美] 吉姆·阿诺斯基 著/绘

洪宇 译

人民东方出版传媒

People's Oriental Publishing & Media

東方出版社

The Oriental Press

作者序

亲爱的中国小读者们，在这套书里，我想向你们介绍一位老朋友——“森林爷爷”克林克洛特。很多年前，我在大森林深处一间小木屋里生活时，创作了这个人物，希望他成为自然探索向导，引领全世界热爱大自然的孩子们去不断探索。

不管哪个季节，森林爷爷总是精力充沛、精神焕发。他能找到藏在树叶间的秘密，他能读出写在雪地上的故事。而他最开心的，就是跟你们分享这些秘密和故事。

吉姆·阿诺斯基

献给罗德尼、米歇尔和达伦

你好，我是森林爷爷克林克洛特！我出生在森林里，靠吃蜂蜜长大！我能跟毛毛虫、飞蛾和蝴蝶聊天，认识每一种野生动物！

盘在我帽子上的是我的朋友——小蛇萨萨。我们要去树林里找蝴蝶和飞蛾，你也可以一起来哟。

蝴蝶和它们的近亲——飞蛾，是数量最多的昆虫。

嗯……它们都跑哪儿去了？这片草地上通常会有好多蝴蝶飞来飞去。

趁我们等蝴蝶出现的空当，我来告诉你一些你应该知道的生物知识。
蝴蝶和飞蛾都属于昆虫纲鳞翅目。
鳞翅的意思是“翅膀上有微小的鳞片”。
通过显微镜可以看到，是那些鳞片使蝴蝶和飞蛾呈现出绚丽的色彩。如果没有它们，鳞翅目昆虫会显得苍白而丑陋。
细小的鳞片可以像粉末一样被擦拭掉。
蝴蝶和飞蛾的结构是基本相同的。
触角（蝴蝶）
前翅
头部
胸部
后翅
腹部
飞蛾的触角像一对羽毛。
辨别蝴蝶和飞蛾最简单的方法是什么？
蝴蝶休息的时候直立着翅膀。
飞蛾休息的时候平展着翅膀。

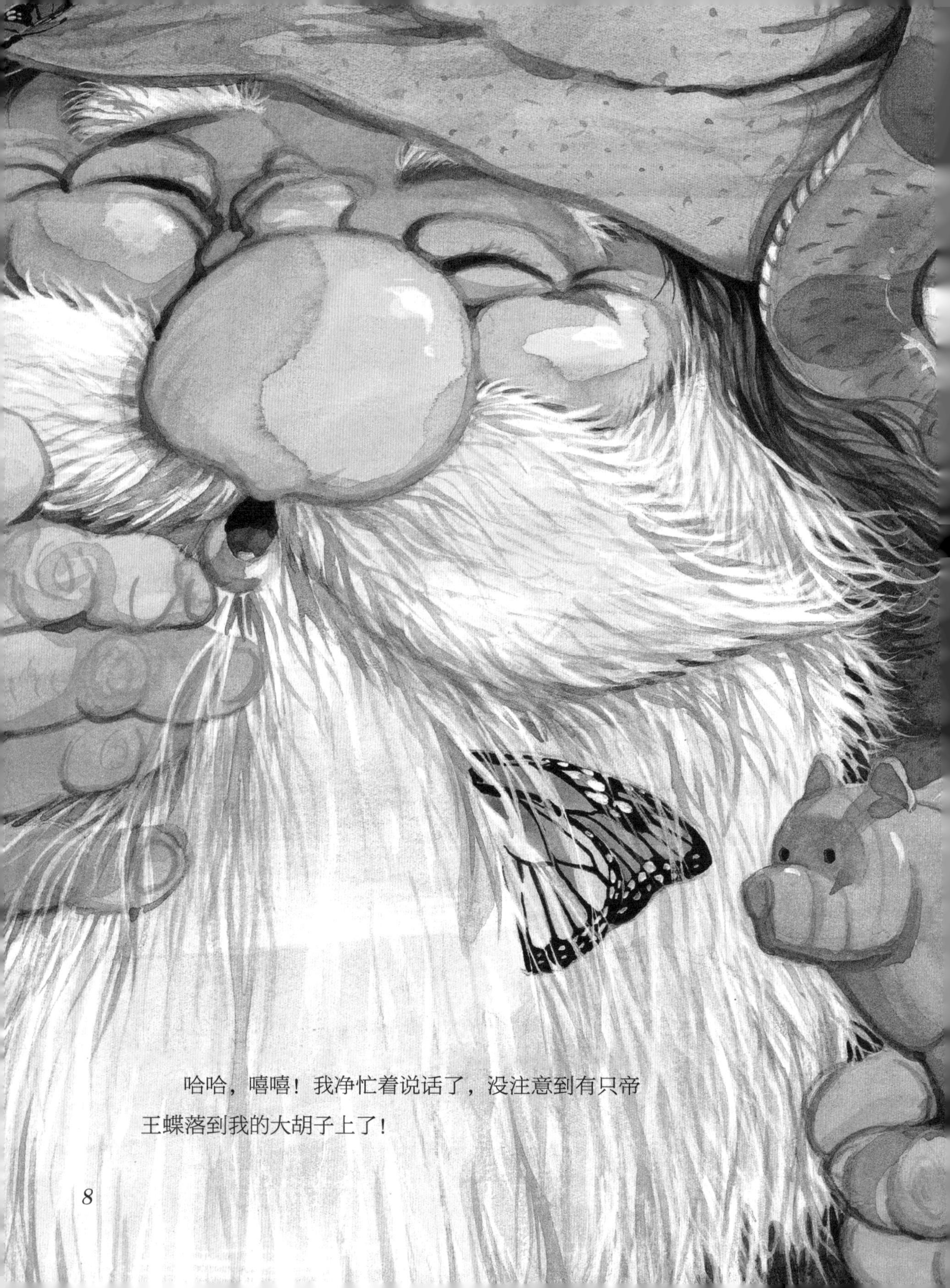

哈哈，嘻嘻！我净忙着说话了，没注意到有只帝王蝶落到我的大胡子上了！

帝王蝶是世界上最有名的蝴蝶之一。

它们身上橙色和黑色的花纹非常醒目，很容易辨认出来。

帝王蝶

总督蝶是唯一一种与帝王蝶相似的蝴蝶。

总督蝶

注意：整本书中，所有蝴蝶、飞蛾和毛虫都是接近实际大小绘制的。

帝王蝶和总督蝶的花纹醒目又简洁，很容易辨别出来。

下面这些蝴蝶的花纹也很简单，不容易搞混。

白蛱蝶
红蛱蝶
热带蛱蝶/黄条袖蝶
戴安娜豹蛱蝶
黄缘蛱蝶
布莱悌蛱蝶

跟我来！我看到山丘上有一只凤蝶。快！

斑马阔凤蝶

追踪蝴蝶是很有趣的，但要想接近它，必须得慢慢来。让我们近距离观察一下这些凤蝶吧！

珀凤蝶
北美大黄凤蝶

凤蝶是我最喜欢的蝴蝶种类。你可以通过长长的燕尾认出它们。

一只凤蝶落在
野胡萝卜花上。

如果等到一只蝴蝶落在一朵花上开始进食，你就可以靠得很近了。因为当蝴蝶吸食花蜜时，它会全神贯注。瞧，这只凤蝶正在享用野胡萝卜花的花蜜呢！

蝴蝶和飞蛾通过口器来啜饮花蜜和水，那是一根细细的中空长管。

下面是三种常见的野花，它们的花蜜是一些蝴蝶的美食。

车轴草
马利筋
口器
蝴蝶可以伸展口器，到花朵深处吸食花蜜。
蓟（jì）
注意：蓟属植物全身多刺。别碰！

当你在花朵上寻找蝴蝶时，可以顺便在叶子上找一找蝴蝶的幼虫。从幼虫到蝴蝶的变化称为“蜕变”。

蝴蝶的生命周期

帝王蝶卵
（实际大小的12倍）

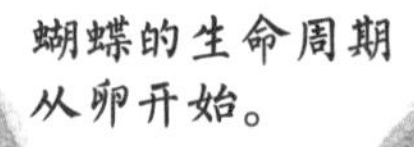

蝴蝶的生命周期从卵开始。

帝王蝶幼虫

卵孵化成幼虫。幼虫以绿叶为食，生长迅速。

幼虫成熟后，就会找一个比较隐蔽的地方，把身体倒吊起来，变成一个有着硬壳的蛹。

在蛹里，幼虫会蜕变成蝴蝶，等到发育成熟，就会破壳而出，翅膀干燥后会展翅飞走。

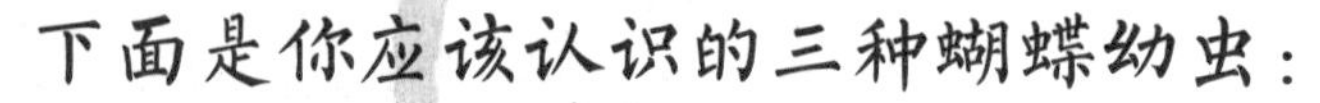

下面是你应该认识的三种蝴蝶幼虫：

布莱悌蛱蝶幼虫

珀凤蝶幼虫

斑马阔凤蝶幼虫

并不是所有的蝴蝶都有大而醒目的花纹。许多蝴蝶个头很小，而且颜色柔和。有些是黄色或蓝色的，有些是黄铜色的，有些是白色的。

认识一下这些多彩的小蝴蝶，
试着找到它们吧！
橙边灰蝶
阿卡迪亚灰蝶
黄菲粉蝶
紫铜灰蝶
菜粉蝶
眼灰蝶
苜蓿粉蝶
桃色花粉蝶

普通花弄蝶
小红蛱蝶
格纹蛱蝶
橙斑小蛱蝶

啊哈！这是四种我们还没见过的蝴蝶。

它们都有斑驳复杂的花纹。

大多数蝴蝶都可以在明亮开阔的地方找到，但也有少数种类的蝴蝶更喜欢在丛林里活动。它们当中，我最喜欢的是小灰蝶和眼蝶。

在丛林里，你要仔细观察，才能发现那些蝴蝶。它们的颜色大多是棕色或灰色的，都是很棒的丛林伪装色。

奥氏卡灰蝶
小木眼蝶

注意：留心观察丛林蝴蝶是如何融入周围环境的。

蝴蝶通常在白天活动。飞蛾通常在夜间活动。

在夜里，蝴蝶会躲在叶片背面睡觉。

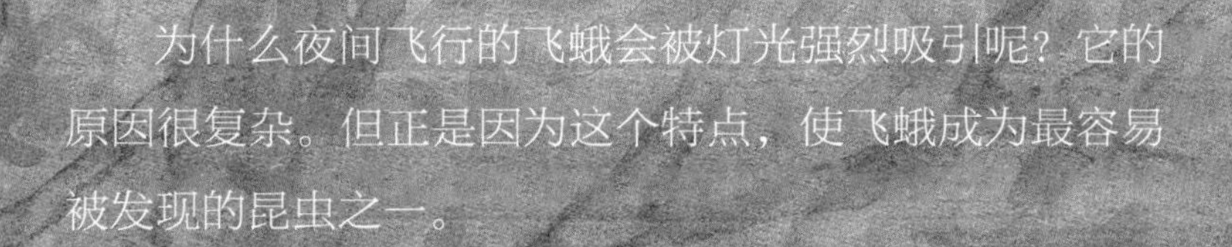

为什么夜间飞行的飞蛾会被灯光强烈吸引呢？它的原因很复杂。但正是因为这个特点，使飞蛾成为最容易被发现的昆虫之一。

斜带褐尺蛾

枯叶蛾

舞毒蛾

白天，飞蛾会躲在树上或草丛里睡觉，有时会伪装成一块树皮。

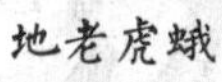

地老虎蛾

只要打开门口的灯，就会有很多飞蛾扑过来。你不必走很远，在家门口就能观察它们。

舞毒蛾的卵块
毛虫
蛹壳（茧）和羽化
的舞毒蛾

像蝴蝶一样，飞蛾的生命历程也是从一颗卵开始，然后孵化成毛虫。

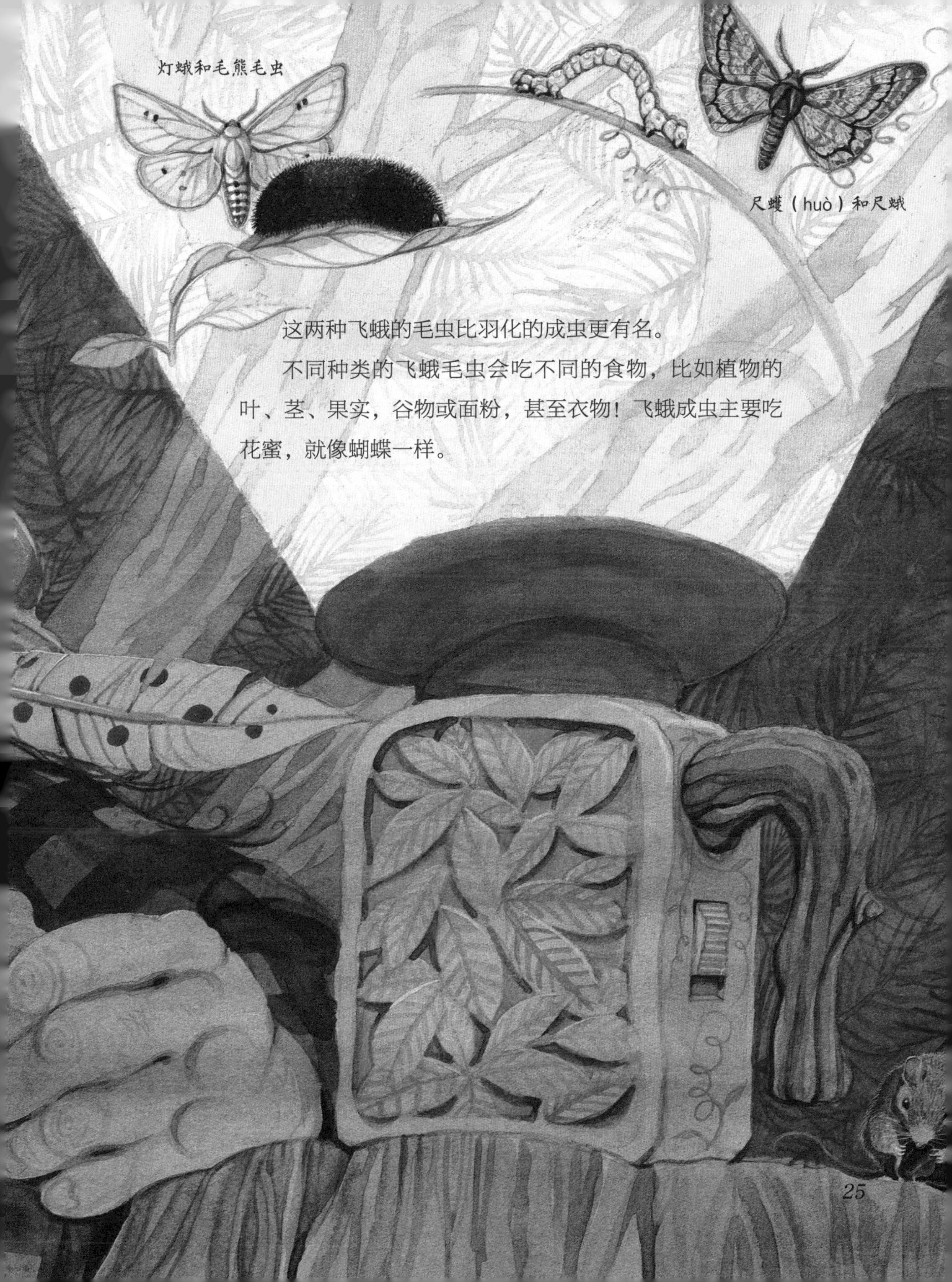
灯蛾和毛熊毛虫
尺蠖（huò）和尺蛾

这两种飞蛾的毛虫比羽化的成虫更有名。

不同种类的飞蛾毛虫会吃不同的食物，比如植物的叶、茎、果实，谷物或面粉，甚至衣物！飞蛾成虫主要吃花蜜，就像蝴蝶一样。

有些飞蛾之所以出名，仅仅是因为它们体型庞大。以下是五种真正的巨型飞蛾，说不定哪天你就能在灯光下发现它们：

多音天蚕蛾
大白杨斯芬克斯蛾

这些飞蛾实在是太大了，乍一看可能有点儿吓人。但别担心，它们是无害的。

帝王蛾
月形天蚕蛾
刻克罗普斯蚕蛾/罗宾蛾

夜蛾是我最喜欢的飞蛾。当它休息的时候，我们很难发现它。它合拢的前翅与树皮完美融合，但当它展开翅膀时，色彩亮丽的后翅就会显露出来。

恋人裳夜蛾

这棵树的树枝上有三只夜蛾在休息。看看你能不能帮小蛇萨萨找到它们。

并不是所有飞蛾都在夜间活动，下面就是三种在白天活动的飞蛾：虎蛾、斑蛾和蜂鸟鹰蛾。

斑蛾
虎蛾
蜂鸟鹰蛾
真正的蜂鸟

天亮了，蝴蝶已经醒了。走了这么远，我也有点儿累了。不过，我还是劲头十足，打算沿着这堵古老的石墙继续前行，看看它会延伸到哪里。同时，我希望你喜欢自己学到的这些关于鳞翅目昆虫的新知识。下次探险再见喽！小蛇萨萨，跟小朋友们说再见吧！

图书在版编目（CIP）数据

森林爷爷自然课 . 蝴蝶与飞蛾识别指南 /（美）吉姆 · 阿诺斯基著绘；洪宇译
. — 北京： 东方出版社，2021.11
ISBN 978-7-5207-2093-9

Ⅰ . ①森… Ⅱ . ①吉… ②洪… Ⅲ . ①自然科学 - 儿童读物②节肢动物 - 儿童读物 Ⅳ . ① N49 ② Q959.22-49

中国版本图书馆 CIP 数据核字（2021）第 041761 号

森林爷爷自然课（全 12 册）
（SENLIN YEYE ZIRAN KE）

著　　绘：[美] 吉姆 · 阿诺斯基
译　　者：洪　宇
策 划 人：张　旭
责任编辑：丁胜杰
产品经理：丁胜杰
出　　版：东方出版社
发　　行：人民东方出版传媒有限公司
地　　址：北京市西城区北三环中路 6 号
邮　　编：100120
印　　刷：鸿博昊天科技有限公司
版　　次：2021 年 11 月第 1 版
印　　次：2021 年 11 月第 1 次印刷
印　　数：1—10000 册
开　　本：650 毫米 ×1000 毫米　1/12
印　　张：44
字　　数：420 千字
书　　号：ISBN 978-7-5207-2093-9
定　　价：238.00 元
发行电话：（010）85924663　85924644　85924641